I0071283

www.ingramcontent.com/pod-product-compliance
Lightning Source LLC
Chambersburg PA
CBHW051429200326
41520CB00023B/7410

9 780943 088990

حياتي كنبتة

المشتركون في اخراج هذا الكتاب:

الفريق التصميمي: جوردان همفري،
إيميلي أومارا، وكاثي جونز

الفريق الفني: سارة بارك، جايكوب كينغ،
جيريمي باس، كونور ميراندا، و سوزان ويتفيلد

فكرة : د/ ألان م. جونز و د/ جاين إيليس
جامعة شمال كارولينا في شابل هيل

الترجمة للعربية: مشاعل القحطاني،
مريم أولياء، نوف الشريف
مراجعة: درية الكرداني

مرحبا ! اسمي "دورا" دوار الشمس!
جذوري تحت الأرض، وساقي وأوراقي
فوق الأرض تنظر للشمس.

بتلة

ورقة

ساق

جذر

تنمو النباتات من البذور بإتجاه الشمس.
هل تستطيع مساعدة النبتة الصغيرة لتجد طريقها إلى الشمس؟

أحتاج الطعام لكي أنمو ، مثلك تماماً!

ولكنّي أستخدم ضوء الشمس لأستمد الطاقة اللازمة لصنع الغذاء،
بالإضافة إلى الماء و ثاني أكسيد الكربون.

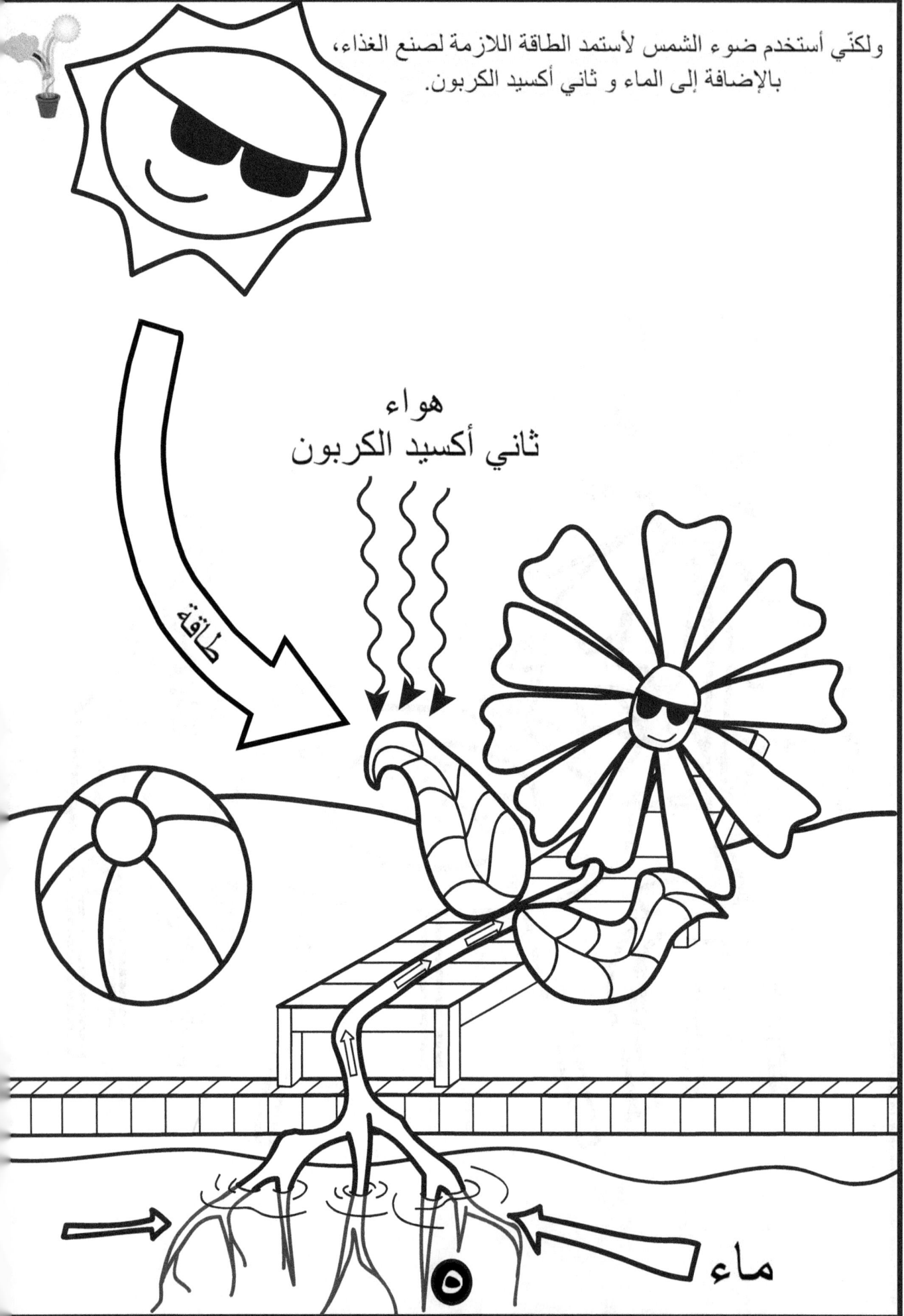

هواء
ثاني أكسيد الكربون

طاقة

ماء

٥

كلٌ منا يحتاج إلى الطعام، ولكننا نحضّره بطرق مختلفة.

دعنا نقارن الطرق والوصفات.

طعام الإنسان

بسكويت زبدة الفول السوداني غير المطبوخ

ثماني قطع من البسكويت ، تكسر لقطع صغيرة.

ربع كوب زبيب

ربع كوب من زبدة الفول السوداني

ملعقتين كبيرتين من عسل النحل

أربع ملاعق كبيرة جوز الهند غير محلى

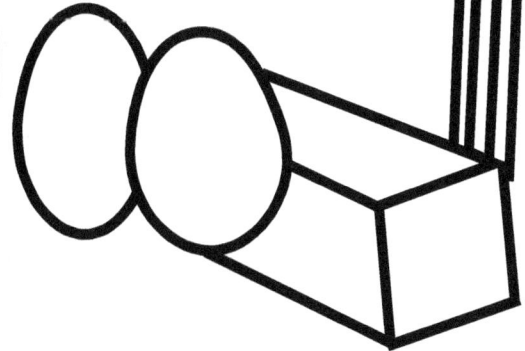

طعام دورا:

البناء الضوئي

الشمس
ثاني أكسيد الكربون
الكلوروفيل
الماء
المعادن

يخلط جيداً للحصول على السكر و الأكسجين

اممم ... يبدو لذيذاً. دعنا نحضر الطعام! دائماً اطلب المساعدة من شخص بالغ.

بسكويت زبدة الفول السوداني غير المطبوخ

اطلب المساعدة من شخص بالغ.

ضع في وعاء صغير:

فتات البسكويت،

والزبيب،

وزبدة الفول السوداني

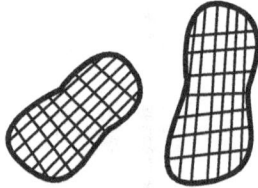

والعسل.

اخلط بالملعقة.

قسم الخليط إلى ثمان قطع من العجين، وضع على القطع بعض جوز الهند.

ضع قطع البسكويت في مكان بارد إلى أن تتماسك.

هل تعلم أن مصدر جميع مكونات هذا البسكويت من النبات؟

الشمس تساعدني في صنع الغذاء الذي أحتاجه.
أحتاج أيضاً إلى الأكسجين والماء والمعادن.
تساعدني جميع هذه المكونات في تحويل الطعام إلى طاقة.

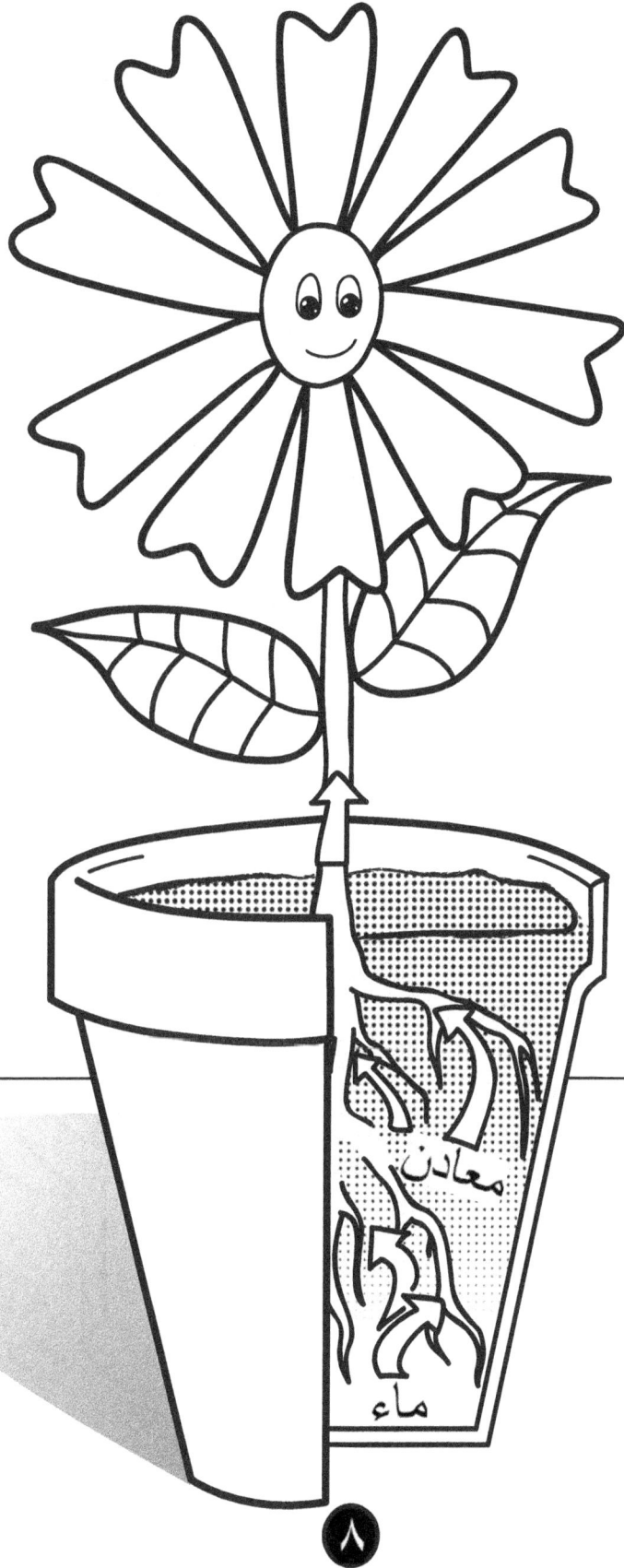

أكسجين

معادن

ماء

تساعدنا النباتات على تكوين الهواء الذي نحتاجه.

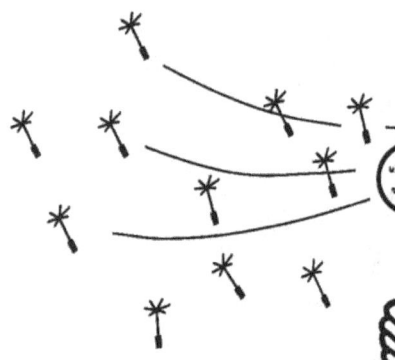

لوّن الجدار الخلوي (ج) باللون البني.

لوّن الخلايا (خ) باللون الأصفر.

صِل نقاط جدار "دورا" الخلوي.

لوّن كل ⬭ خلايا الكلوروفيل بالأخضر. إنها تسمى " خلايا الكلوروفيل الخضراء". هي التي تعطي "دورا" لونها الأخضر.

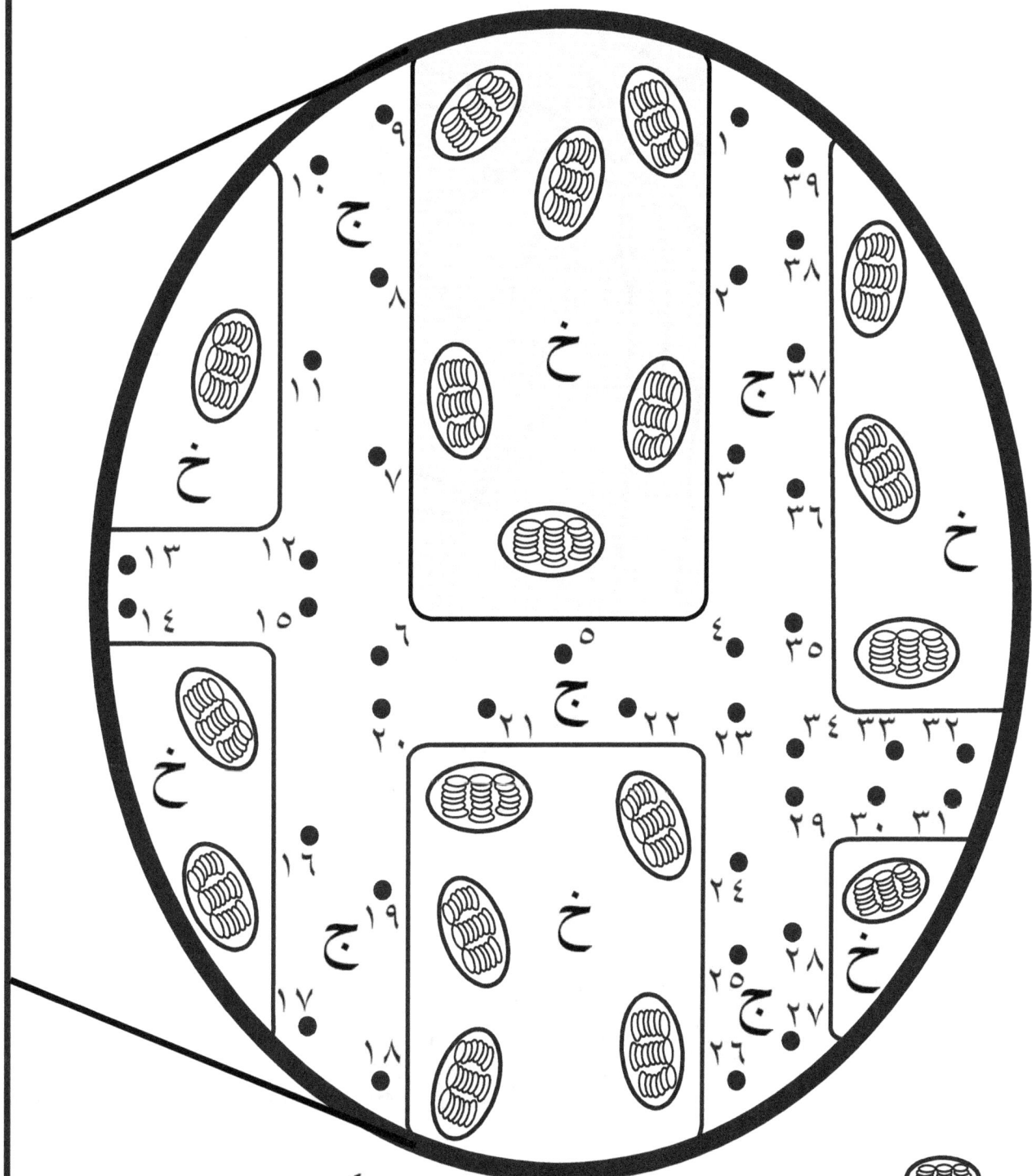

كم عدد ⬭

خلايا الكلوروفيل الخضراء؟ _____

كم عدد

الخلايا (خ) الصفراء؟ _____

١٠

لديك عظام، ولدي جدار خلوي.
إنها تبقينا أقوياء أثناء نموّنا .

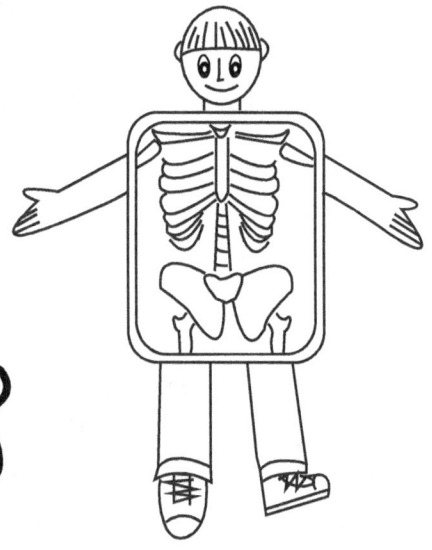

أنت تحتاج إلى مبيد للحشرات لتبعدها عنك.
أنا أستطيع بدون مساعدة أن أطرد الحشرات بعيداً عني!

النباتات يمكن أن تصاب بالأذى مثلك تماماً، إلا أن النبات يستطيع أن ينتج أجزاءً أخرى بدل التي فقدها، بينما الإنسان لا يستطيع. ارسم جذوراً جديدةً بدل التي قطعتها المجرفة أسفل الزهرة. الزهور أيضاً تبدو ذابِلة . هل تستطيع أن تلوّنها بألوان جميلة؟

صِل النقاط لكي يظهر من أنا !
ثمّ لوّني.

٧
٤
٨
٣
١١
٦
٣٢
٢
١٢
٥ ٩
١ ١٠
٣٣
١٣
١٤
١٥
٣١
٣٠
٢٩
١٧
٢٧
٢٦
٢٣
٢٠
١٦
٢٨
١٨
٢٥
١٩
٢١
٢٤
٢٢

كم عدد أطراف
الجذور؟
ارسم دائرة
حول واحد منهم.

١٤

ما هي أجزاء النبات ؟

أرسم خطاً يصل بين هذه الكلمات وأجزاء "دورا".

١   البتلات

٢   البذور

٣   الساق

٤   الجذور

هذا ألبوم صور عائلة "دورا".
أنا انحدر من عائلة عريقة جداً.
لقد تغيرت عائلتي كثيراً عبر السنين.
وشكلي الآن هو نتيجة هذا التغير.

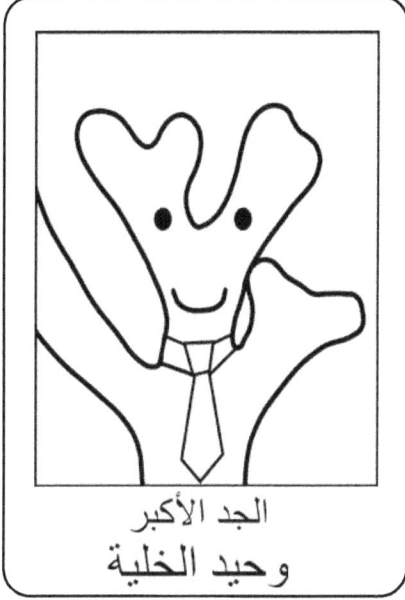

أنا!

الجد
الطحلب

الجد الأكبر
وحيد الخلية

الآن أخبرني عن عائلتك أنت!

هل تستطيع أن ترسم ألبوم صور عائلتك أيضاً؟

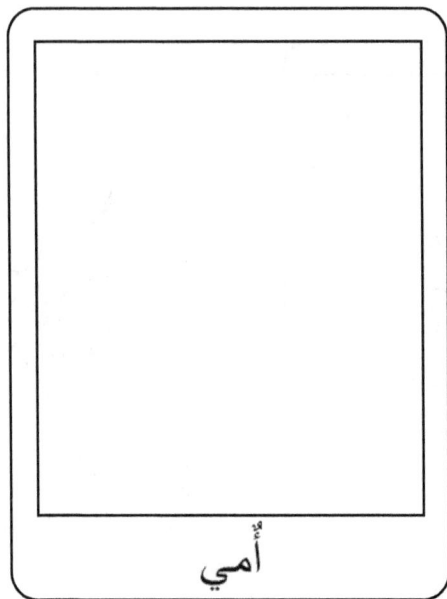

أبي

أُمي

اكتب اسمك هنا

هل عيناك تشبه
عيني والدتك
أم عيني والدك؟

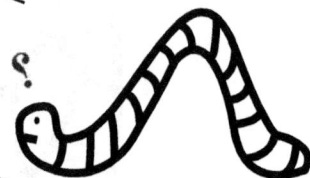

أصدقائي لديهم أشكال و أحجام مختلفة.

ابحث عن أوراق نباتات مختلفة في الحجم واللون.

ابحث عن نباتات وحيوانات تعيش سوياً.

مرحبا! اسمي صافي "الصنوبر".
أنا أعيش على الجبال.
أحافظ على أوراقي طوال العام ،
وينمو صغاري من البذور في أكواز.

يا ترى كم شجرة صنوبر جديدة تستطيع أن تنمو
بجانب صافي "الصنوبر" من الأكواز المتساقطة؟

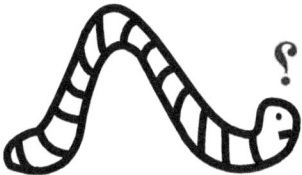

مرحباً! أنا سارة "السرخس".
أنا أنمو في الظل ، أسفل الأشجار.

مرحباً! أنا صابر "الصبّار".
أنا أعيش في الصحراء، حيث الطقس حار وجاف.

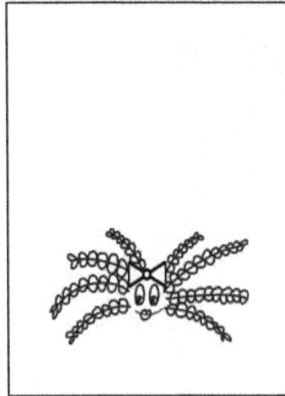

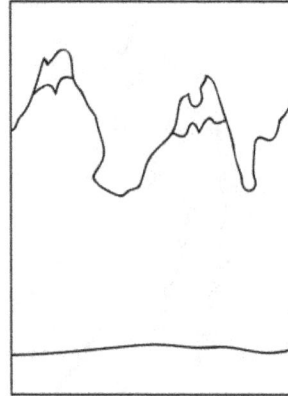

ارسم نفسك

ارسم أين تعيش

كل هذا النمو، واللعب، جعلني أشعر بالعطش!
من الأفضل أن أشرب بعض الماء، وأتنفس بعمق !

أنابيب مياه النبات

سوف تحتاج إلى:

كوب (قاعدته ثابتة، غير قابل للانقلاب)

ساق كرفس

ملوّن الطعام

١ إملأ الكوب إلى النصف بالماء

٢ أضف ٤ قطرات من ملوّن الطعام إلى الماء وحرّك المزيج.

٣ إقطع طرف ساق الكرفس من أسفل.

٤ ضع ساق الكرفس في الماء مع مراعاة وضع نهاية الساق في الأسفل.

٥ ماذا سيحدث للكرفس؟ ارسم توقعاتك.

٦ تابع ما يحدث كل ٦ ساعات.

٧ ماذا ترى الآن؟ ارسم ماتشاهده.

٨ اقطع ساق الكرفس من المنتصف، ماذا يوجد في الداخل؟ ارسمه.

أعد هذه التجربة مستخدماً نبات آخر طويل الساق. لاحظ التشابه والفرق بين ماحدث مع الكرفس وما حدث مع النبات الآخر.

صديقتي النحلة "نوجة" تساعد على نشر حبوب لقاحي.

هي تعمل بجد!

أودّ أن أشارك رحيقي الحلو مع نوجة.

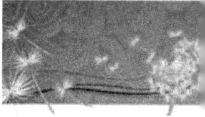

أرشد النحلة "نوجة" إلى خلية النحل،
وإلتقط معك في الطريق بعض حبوب اللقاح!

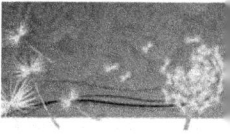
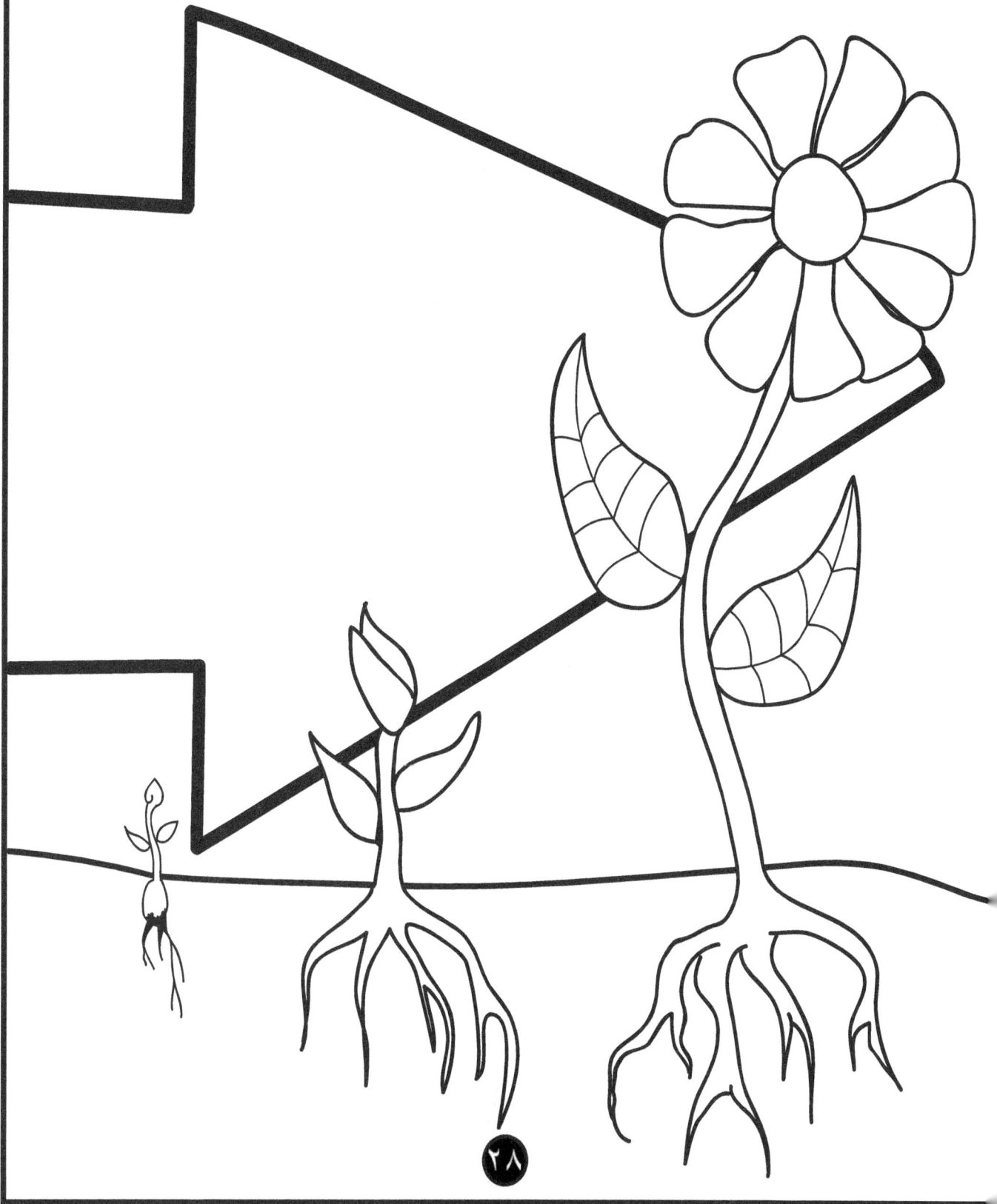

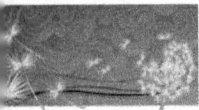
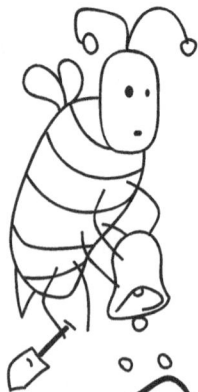

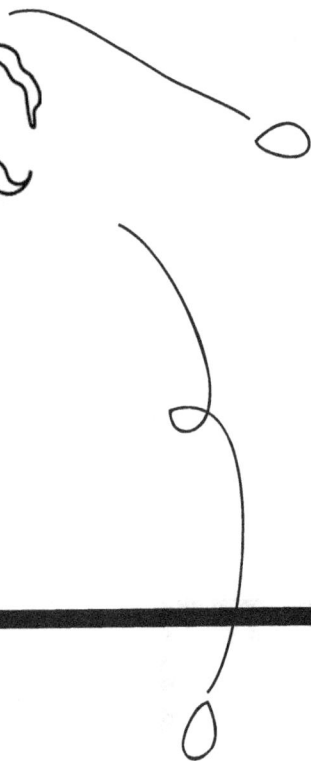
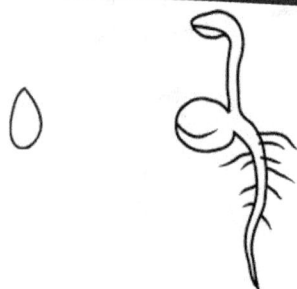

أوراق الخريف

في فصل الخريف، أوراق النباتات تتوقف عن إستخدام الكلوروفيل، فيبهت لونها الأخضر.
لوّن الأوراق بألوان الخريف.

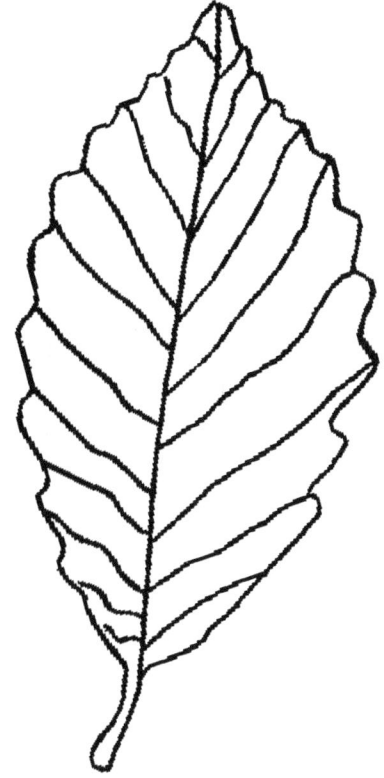

كل هذه الأشياء صُنعت من النباتات.

حبوب

ضع دائرة حول المواد المصنوعة من النباتات.

نشاط الرسم والتلوين بالنباتات

تحتاج إلى: أنواع خضار متعدد الألوان ، فواكه، أزهار، وتوابل. مثل التوت الأزرق (سواء طازج أو مجمد)، جزر، قهوة (من الأفضل سريعة الذوبان)، مستردة مُحضّرة مسبقاً، خضر ورقية (مثل الخس والسبانخ)، بودرة الكاري، وأشياء أخرى يمكن أن تجربها.

أوعية صغيرة

فرش رسم أو قطن للتلوين

ماء

اختياري: عصير ليمون وصودا الخبيز

التعليمات: في أوعية صغيرة مختلفة، أضف كمية صغيرة من النباتات المطحونة مسبقاً أو السائلة إلى كمية صغيرة من الماء. امزج الخليط جيداً حتى يُصبح سائل كثيف صالح للتلوين. بعض العينات النباتية مثل التوت الأزرق، الجزر، الفلفل الأحمر، الخس و السبانخ تحتاج إلى سحق أو فرم أو تقطيع إلى قطع صغيرة جدا مع إضافة القليل من الماء. بعد الفرم، يُصفّى السائل باستخدام ورق ترشيح القهوة. يُستخدم الخس لتكوين لون أخضر جميل وذلك بوضع ورقة الخس الداكنة على الجزء المراد تلوينه وتمرير عملة معدنية من فوقها. وبذلك ينتقل اللون الأخضر إلى ورق الرسم. التوت الأزرق والعديد من الفواكه الأرجوانية وأيضاً الخضار والأزهار تتغير ألوانها في محاليل الأحماض والقواعد. فعند إضافة قطرات من الخل إلى سائل التوت الأزرق فإنه سيتغير لونه إلى اللون الزهري. وعند إضافة صودا الخبيز مع بعض الماء إلى سائل التوت الأزرق فسيتحول إلى لون أرجواني جميل. ويمكن أيضاً استعمال هذه الطريقة في "صبغ" الملابس والأنسجة والبيض المسلوق .

المزيد من الأنشطة!

اطعم خضارك!

سوف تحتاج إلى:

عدد من حبوب الفول

وعائين صغيرين لزراعة الحبوب

رمل

ماء

سماد نباتي

انقع ٦ حبوب في الماء ليلة كاملة. أحضر كوبين واملأهما بالرمل الرطب. ضع ٣ بذور في كل كوب تحت سطح الرمل مباشرةً. ضع هذه الأكواب عند النافذة وراقبهم كل يوم. تأكد من عدم تعرضها للجفاف! عندما ترى النبات قد بدأ بالنمو، أضف كوب واحد من السماد. تأكد من أن تتبع إرشادات عبوة السماد لتضع الكمية المناسبة للنبات. واترك الكوب الآخر بدون سماد. بعد ٣ إلى ٤ أسابيع، اخرج النباتات من التربة وارسمها في أسفل الصفحة. قارن بينها في النمو. كيف نمت النباتات المختلفة؟

النباتات بدون السماد	النباتات مع السماد

المزيد من الأنشطة!
كيف يصنع النبات المزيد من النباتات!

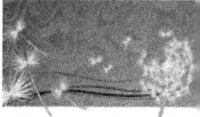

سوف تحتاج إلى:

بذور الفاصوليا، بذور دوار الشمس، بذور القرع

ماء

أوعية صغيرة

تربة

انقع بذور الفاصوليا في الماء لمدة ساعة. بمساعدة والديك، خذ حبة واحدة واقطعها إلى نصفين. أنظر إلى النبات الصغير في الداخل وابحث عن الأوراق الصغيرة والجذور. انقع تقريباً من ٦ إلى ٨ حبات من بذور الفاصوليا أو أي بذور أخرى في الماء ليلة كاملة. ازرع البذور في تربة رطبة بالماء وضعها عند النافذة. الآن راقب النبات ينمو كل يوم! ومن الممكن أيضاً أن تقطع قمة جزرة وتضعها في طبق يحتوي على القليل من الماء. تأكد من عدم تعرض النبات للجفاف ولاحظ كيف ينمو بدون البذور !

بأي طريقة ينمو النبات؟

سوف تحتاج إلى:

حبوب فاصوليا أو أي نوع من البقوليات

أكواب صغيرة لزراعة البذور

تربة

ماء

انقع حوالي من ٦ إلى ٨ حبات من أي نوع من البقوليات في الماء ليلة كاملة. احضر وعائين واملأهما بالتربة المبللة بالماء. ضع من ٣ إلى ٤ حبوب في كل وعاء تحت سطح التربة مباشرةً. ضع الوعائين عند النافذة وراقبهما كل يوم. تأكد من عدم تعرض التربة للجفاف. عندما ينمو النبات بطول ٥ إلى ٦ بوصات، ضع أحد هذين الوعائين مائلا على جانبه بعناية. ماذا تتوقع أن يحصل للنبات الآن؟ راقب ماذا يحدث على مرّ الأسبوع المقبل. بعد ١٠ أيام تقريباً، اخرج النباتات من التربة واغسلهم بالماء. ماذا حدث لكل نبتة؟ ضع كل منها على ورقة وارسمها ثم لوّنها في الصفحة التالية. ماذا تتوقع: ما الذي أثَّر على نمو النباتات؟ أعد التجربة مرة أخرى وضع أحد النباتات في الضوء والآخر في الظلام. ماذا تتوقع أن يحدث للنبات الذي ينمو في الظلام؟ خذ النبات الذي نما في الظلام إلى الخارج بعد ١٠ أيام. ما هو المختلف في النبات الذي نما في الظلام؟

ارسم ولوّن نباتاتك هنا

السادة المعلمون، والآباء، والمحاضرون:

كتاب الأنشطة الملوّن هذا

أُعِد بدعم من

الجمعية الأمريكية لعلماء الأحياء النباتية

لتشمل حتى أصغر المتعلمين

كجزء من رغبة الجمعية لمساعدة كل الناس

في رؤية أهمية، وجمال ، وصلة

كل أنواع النباتات بحياتنا اليومية.

هذا الكتاب يشمل ١٢ مبدأ

من مبادئ علم النبات الذي تم تطويره بواسطة

مؤسسة التعليم أ س ب ب

(انظر الغلاف الخلفي)

بطريقة يستطيع المبتدئين

فهمها والاستفادة منها.

الغرض من هذا العمل هو تقديم المادة العلمية بطريقة مسلية

وتشمل تشريح النبات، ووظائفه، وبيئته، وتطوّره.

لطلب نسخة من هذا الكتاب

أوللسؤال عن طرق الاتصال الممكنة

بعلماء النبات في منطقتك

الرجاء التواصل عبر البريد الالكتروني info@aspb.org.

لمزيد من المصادر التعليمية

زيارة الموقع الالكترونيالرجاء www.aspb.org/education.